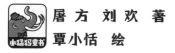

屠方 刘欢 著
覃小恬 绘

你好，中国的房子
彝族的土掌房

电子工业出版社

Publishing House of Electronics Industry

北京·BEIJING

在云南省泸西县永宁乡，有一座古老而独特的村寨——城子古村。

　　城子古村是云南历史文化名村，拥有历史悠久和规模巨大的彝族土掌房建筑群。土掌房是中国民居建筑发展史上的"活化石"，距今已有五六百年的历史。

从远处遥望飞凤坡上的城子古村，一千多间土掌房依山傍水而建，鳞次栉比，气势如虹。

它们层层而上、墙墙相连，乍看之下，仿佛一队排列整齐的士兵。到了傍晚，夕阳的余晖洒在土掌房群上，土黄色的墙体被照得金灿灿的，一幅凤凰饮水的画卷就此展开，颇为壮观。

城子古村所在地区属于典型的亚热带气候，所以日照时间长，而且昼夜温差不大，适合种植玉米、南瓜、辣椒、荞麦等作物。在播种的季节，彝族人会在田间插上石榴花，希望获得像石榴籽一样丰硕的收成。

　　每年九月至十月是丰收的时节，彝族人把金黄色的玉米和南瓜、鲜红的辣椒晾晒在土掌房顶上，到处都是丰收的景象。

7

只要仔细观察，就会发现土掌房的结构较为简单，有的是平房，有的是两层的楼房。

土掌房的大门上有门楣，一些彝族人会在门楣、梁枋、木隔板上面雕刻出精美的图腾，极富建筑装饰的美感。还有些人会在门头或柱梁上悬挂葫芦，寓意吉祥。

二楼的正中间为堂屋，是家庭成员
日常活动的地方，也是主人招待客人的
场所，其他房间为卧室或储物室。

　　二楼的堂屋设有火塘。火塘是彝族家庭生活的中心，火焰常年不熄。火塘上方悬挂着几排竹竿，用来熏制食物。过年杀猪时，彝族人将猪尿脬悬挂于火塘上，挂得越多，说明家境越殷实，同时也是彝族人对来年粮食丰收、年景兴旺的美好祝愿。

11

　　年轻的姑娘坐在堂屋的门槛边织布、绣衣衫，她们将自己心中最美的花鸟虫草、日月星辰、风雨雷电绣在自己的帽子、衣服、围腰、鞋子、鞋垫和挎包上。等到一年一度的赛装盛会时，她们穿上自己亲手制作的色彩斑斓的服饰，挑选自己的意中人。

土掌房的屋顶是孩子们嬉戏的主要场所。孩子们刮下锅底的锅灰，玩起彝族的传统游戏——摸你黑。

游戏时，孩子们三五成群，把锅灰涂抹在别人的脸上。他们觉得脸抹得越黑就越快乐，抹得越多就越幸福。

彝族人能歌善舞，在千百年的生产生活中创造出具有民族特色的歌曲、舞蹈及乐器。

空暇时，男女老少欢聚一堂，各自拿起不同的乐器：有吹奏舞笛的，有拉奏三胡的，有弹奏月琴的，有击奏八角鼓的。大家围成一圈，伴着悠扬的器乐声，尽情地唱歌跳舞。

　　彝族是我国少有的拥有本民族文字的少数民族之一。彝文有上千年的历史，有助于古老的彝族文化和民族记忆薪火相传。

晴朗的早晨，寨子里的长者会坐在屋顶的平台上，教孩子们学习彝族的文化，认识独特的彝族文字。朗朗的读书声响彻村寨。

　　土掌房的建筑用料并不复杂，主要是本地的土、木、竹、草、荆条、石头等，一些材料还可以回收利用，这也体现出彝族人与自然和谐发展的理念。

建造房屋时，彝族人会在选好的房址上用大块的石材建起墙基，保证房屋的稳固。接着，在墙基上固定夹板，把密度高、黏性强、质地细腻、干湿适宜的建筑泥土填入夹板并夯实，筑成墙体。

土墙晾干后，变得异常坚固。此时再在墙体上架起提前准备好的圆木，作为房屋的主梁。

先在主梁上铺一层木板，然后在木板上铺一层柴草、松针，最后再铺一层黏土，用木棒反复捶打夯实。这样，房顶不容易漏雨，还具有良好的隔热性能。

　　新房落成后，亲友带着布匹、鸡、酒、鞭炮等礼物前来祝贺。入夜后，主人在每一根梁柱上贴上红纸，挂上红布，在屋内各个方向撒上五谷，并用松针蘸酒，点洒在房屋各处。这样的仪式寓意今后的日子红红火火，五谷丰登。

土掌房是彝族人和睦相处的写照：户户相通，左右连贯，下家的屋顶是上家的庭院。只要进入一家，就可以进入另一家。这种独特的建筑方式，让彝族人分家不分户。

土掌房的建筑方式也反映了彝族人淳朴、友善的性格。彝族人非常尊敬长辈，用餐时讲究长幼有序，长辈或客人坐上座，晚辈坐下方的座位。招待客人时要先给长辈敬酒。

彝族人喜爱饮酒，可以说无酒不欢。彝族谚语云："汉人贵在茶，彝人贵在酒。""有酒便是宴，无酒杀猪宰羊不成席。"宴客时，彝族人用精美的漆器给客人敬一碗自酿的美酒，并用彝语唱起《螃蟹调》《龙灯调》等祝酒歌，极为热闹。

彝族有很多节日，其中最为隆重的节日是享有"中国民族风情第一节"之称的火把节。火把节每年农历六月二十四日开始，连续举办三天。

　　第一天为迎火，家家户户宰羊杀猪，迎接火神和祭祖。
第二天为赞火，是火把节的高潮。第三天为送火，是火把节
的尾声。

火把节期间，在外的彝族人都要回家团圆。等到夜幕降临时，男女老少都穿上盛装，聚集在祭台圣火下，手持火把，成群结队行进在寨中小巷、村边地头、山岭田间，最后将火把插于田野之上。大家一起向火神祈祷，保佑来年风调雨顺、五谷丰登、子孙安康、生活幸福。

　　朵乐荷是彝族火把节中由年轻女性集体表演的歌舞。传说朵乐荷最早出现在狩猎时代，男人们打猎归来，围起火堆，女人们跳舞庆祝。如今的火把节，姑娘们手撑黄伞，在篝火的映照下边唱边跳，掀起节日的高潮。

图书在版编目（CIP）数据

你好，中国的房子. 彝族的土掌房 / 屠方, 刘欢著；覃小恬绘. -- 北京：电子工业出版社, 2022.7

ISBN 978-7-121-43489-1

Ⅰ.①你… Ⅱ.①屠… ②刘… ③覃… Ⅲ.①彝族—民居—建筑艺术—中国—少儿读物 Ⅳ.①TU241.5-49

中国版本图书馆CIP数据核字（2022）第085038号

责任编辑：朱思霖

印　　刷：北京瑞禾彩色印刷有限公司

装　　订：北京瑞禾彩色印刷有限公司

出版发行：电子工业出版社
　　　　　北京市海淀区万寿路173信箱　邮编：100036

开　　本：889×1194　1/16　印张：22.5　字数：97.25千字

版　　次：2022年7月第1版

印　　次：2023年5月第4次印刷

定　　价：200.00元（全10册）

　　凡所购买电子工业出版社图书有缺损问题，请向购买书店调换。若书店售缺，请与本社发行部联系，联系及邮购电话：（010）88254888，88258888。

　　质量投诉请发邮件至zlts@phei.com.cn，盗版侵权举报请发邮件至dbqq@phei.com.cn。

　　本书咨询联系方式：（010）88254161转1859，zhusl@phei.com.cn。